化石侦探1
神秘的恐龙墓地

〔日〕高士与市◎著
〔日〕吉川丰◎绘
〔日〕木村由莉◎审订
王 焱◎译

U0240084

北京科学技术出版社
100层童书馆

序 言

　　小朋友，你好！我猜你肯定很喜欢恐龙吧。我当然也一样。话说，你知道化石猎人吗？

　　化石往往沉睡在古老的地层中，而化石猎人就是寻找并发掘化石的人。在广袤的地球上，寻找和发掘出埋藏在地下的化石绝不是一件简单的事。宽广的知识面、丰富的知识储备、敏锐的洞察力、永不放弃的决心、不怕失败的勇气……只有拥有这些，才有可能成为一名优秀的化石猎人。这套书以漫画的形式介绍了化石猎人发现的神秘化石，以及这些化石所揭示的古生物学知识。

　　其实，我在小学的时候就是这套书的忠实读者了。原来，从恐龙化石中能了解到这么多知识！我在阅读这套书时，收获了惊奇与喜悦。现在我已经长大成人，再次翻看这套书，读到古井博士的话语还是会深深感动。在书中，古井博士将丰富的古生物学知识娓娓道来。现在，我已经是一名古生物学家，仍时刻将他的话语铭记在心。

当我还是一名小读者时，书里还有许多未解之谜。如今，经过许多专业人士的努力，很多谜团已经被解开。这次再版，书中也加上了这些新知识。能够为自己喜欢的书再版尽一份力，我感到非常开心。

相信我，这套书非常有趣。接下来，跟随化石猎人开始一场冒险之旅吧！

日本国立科学博物馆

木村由莉

一起成为化石侦探吧！

恐龙迷裕树和姐姐由美在国立科学博物馆偶然间遇到了古生物学家古井博士。

古井博士对他们说："恐龙化石就像一本知识大百科全书。我们现在所了解到的恐龙的样子、体型、食性等知识，都是通过研究恐龙化石得来的。"听完，两人对化石的兴趣更加浓厚了。

就这样，姐弟俩和古井博士一起变身为化石侦探！他们以

哈哈哈哈，我来告诉你吧。

我们关于恐龙的很多知识都是通过研究恐龙骨骼化石知道的。

▲▶博士精彩的解说令两人对古生物学深深着迷。

骨骼化石?！

嘭！

化石侦探！

▲三人变身为化石侦探的场景：他们身着英国绅士风的衣服，很有名侦探的风采呢！

化石上的蛛丝马迹为线索，一一揭开了远古生物的神秘面纱。

嗯？

也就是说——

也就是说……

在本册中，裕树、由美和古井博士将通过推理，解开"化石上的齿痕"和"神秘的恐龙墓地"两个谜团。请你跟随他们，开动脑筋，解开谜团吧！

◀挑战未解之谜！（见第95页）

出场人物介绍

古井博士

知识渊博、经验丰富的古生物学家。会通过提问的方式引导大家思考。

若松裕树

非常喜欢恐龙的少年，有一点儿任性。

若松由美

裕树的姐姐，擅长夸奖人，性格沉稳。

木村博士

从小就是恐龙迷，现在是年轻有为的古生物学家。

木村博士会在下面这些地方出现，为我们补充最新的知识。

与本页相关的小知识会出现在页面的最下方。

这一栏会介绍有关化石和恐龙的最新知识。

目 录

1. 变成化石的恐龙

2

下雨了！姐姐，快看！

啊？所、所以呢？

只要进博物馆，就不用淋雨了。

那、那我买把伞总行了吧！

只要进博物馆，连伞都不用。

你真是烦人啊！

日本国立
科学博物馆

真是的……

唉……为什么非要来这种地方不可啊。

啦啦啦
……

啊！！

5

好大啊！

日本国立科学博物馆曾经展出过图中这种姿势的特暴龙骨架。第7页出现的异特龙的全身骨架现在还在地球馆的一层展出。

快看快看，是特暴龙！

看到了，你小声点儿。

明明要去动物园看大熊猫的，现在却来看这个……

好无聊

啊！这是异特龙！

什么啊，不就是个骨头架子吗?!

太帅了！

"不就是个骨头架子"……好伤人。

啊？

这些骨头在过去可都是活生生的恐龙呢！

嗷一

啊啊啊啊！恐龙复活啦！！

哈哈哈哈

啊，是怪兽面具！

嗵嗵嗵……

咦？

摘下

不好意思，吓到你了。

我叫古井，是一名古生物学家。

哇！那你是博士吧？

是啊！

博士怎么能戴着面具吓唬人！

哇啊！

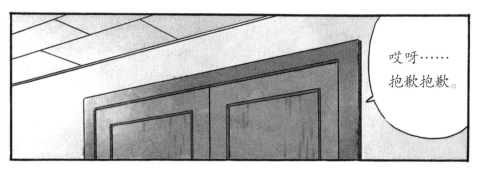

哎呀……抱歉抱歉。

为了表达歉意，我给你们讲讲恐龙的知识吧。

真的吗？太好了！

东张西望

不过，要说恐龙的知识，我也了解不少呢！

哦？那你就说说刚刚见到的异特龙吧。

嘻嘻嘻……

小菜一碟！

异特龙（侏罗纪晚期）

肉食性恐龙
性情凶猛

全长：约8米
分类：异特龙科

……嗯，就是这样的。

别夸我

真是奇怪啊。

什么？

哪、哪里奇怪？

嗯……

你看，你并没有去过恐龙生活的远古时代吧？

肯定啊。

那你是怎么知道异特龙是肉食性恐龙的呢？

因为恐龙百科书里就是这么写的……

那写百科书的人坐时光机去过恐龙生活的时代吗？

怎么可能？！

那他们又是怎么知道异特龙是肉食性恐龙的呢？

这、这我怎么知道啊！

哈哈哈哈，我来告诉你吧。

我们关于恐龙的很多知识都是通过研究恐龙骨骼化石知道的。

骨骼化石？！

没错！正是刚刚你口中的"骨头架子"。

在美国的犹他州有一个叫克利夫兰－劳埃德的地方，那里出土了40多具异特龙骨架化石。

犹他州

多亏了这些化石，人们才获得了关于异特龙的知识。

哇……

但是仅仅靠骨头，怎么能确定异特龙就是肉食性恐龙呢？

只要仔细观察，就能通过骨架化石分析出恐龙的习性和特征。

我来举个例子！

翻

异特龙的特征

尾巴

尾巴向后伸，有保持身体平衡的作用。

头部

头骨很轻，眼睛上方有角状突起。

后肢

靠着朝前的三趾在地面奔跑。

牙齿

上颌和下颌排列着像刀一样锋利的牙齿。

前肢

三趾上长有锐利的钩爪。

通过化石，我们推断……

- 异特龙在追捕猎物时，奔跑时速约40千米。
- 异特龙会用锐利的爪子制服猎物。
- 异特龙会用力甩动轻盈的头部，用牙齿咬紧猎物。
- 异特龙会用锋利的牙齿撕碎猎物。

想象中

嘎呜呜呜

咽口水

怎么样？肉食性恐龙的特征是不是很明显？

古生物学家和考古学家不是科幻作家，我们的工作也不是凭空想象。

15

我们的工作是以发掘出来的骨骼化石、蛋化石，以及足迹化石等为证据，

一步步揭开那些远古生物的神秘面纱，解开遥远年代的谜团。

找出证据……

解开谜团！

这听起来……

好像侦探！

啊？

16

侦探？

侦探吗……

博士你怎么了？

嘿嘿嘿

嘿嘿嘿

我就是……

?!

解开远古之谜！

好帅啊!

我都有点儿感动了!

噢!

古井博士!我也想当化石侦探!

我也想,我也想!

那我们就一起去解开远古之谜吧!

哇——

变!

身!

啊!

来，你们也试一试！

怎么才能变身啊？

想象你想变成的侦探的样子就行。

准备好了！

来变身吧！

变身！

好！化石侦探团登场了！

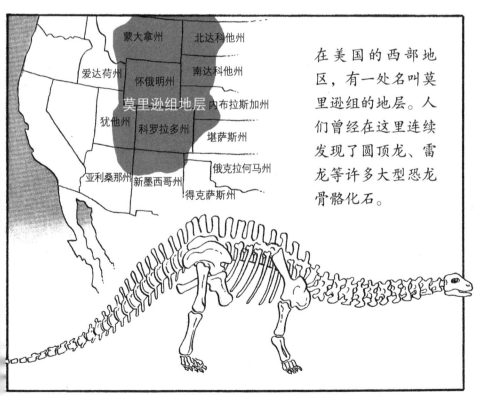

在美国的西部地区，有一处名叫莫里逊组的地层。人们曾经在这里连续发现了圆顶龙、雷龙等许多大型恐龙骨骼化石。

蒙大拿州　北达科他州

爱达荷州

怀俄明州　南达科他州

莫里逊组地层

犹他州　内布拉斯加州

科罗拉多州　堪萨斯州

俄克拉何马州

亚利桑那州　新墨西哥州

得克萨斯州

不论是圆顶龙还是迷惑龙，我们都能从它们的骨骼化石里发现很多事情。

我知道！圆顶龙和迷惑龙都以植物为食。

圆顶龙（侏罗纪晚期）

巨大的植食性恐龙
脖子又粗又长，可以灵活地左右转动，方便恐龙吃到更多植物

好大啊！

全长：约18米
分类：圆顶龙科

小贴士 圆顶龙和迷惑龙都属于蜥脚类恐龙。这类恐龙脖子和尾巴很长，四脚着地行走。

就在刚刚提到的美国西部地区，化石发掘工作中出现了一个奇怪的现象。

是什么？

人们在大型植食性恐龙的颈椎化石上……

竟然发现了一串清晰的圆形凹痕！

好奇怪，为什么颈椎上会有凹痕呢……

嗯……

想想，答案究竟是什么呢？

圆形凹痕，圆形凹痕……

啊！

喂！现在不是啃手的时候吧！

对、对不起……

快让我看看你的手！

怎么了？我已经不啃手了。

我懂了！那个凹痕是齿痕，是被什么东西咬过后留下的痕迹！

肯定不是啊！

是这样吧……

啊呜

当然是肉食性恐龙！

那谁会去咬它呢？

这谁说得准啊！

你这是在挑我的毛病？

好了好了……

刚刚我也说过，我们的工作不是凭空想象，而是通过证据进行判断和证明。

话是这么说……

可证据不是只有颈椎上的圆形凹痕吗？

其实除此之外，还有一个证据！

什么！

在离那个植食性恐龙骨骼化石非常近的地方，发现了异特龙的骨骼化石。

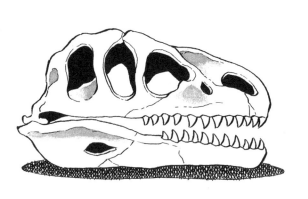

是异特龙咬了它。

这么说的话，果然是……

还不能断定罪犯就是异特龙。

可能性很大，但是只靠这一点，

……

该怎么办呢？

啊——好心急啊！

我知道了！

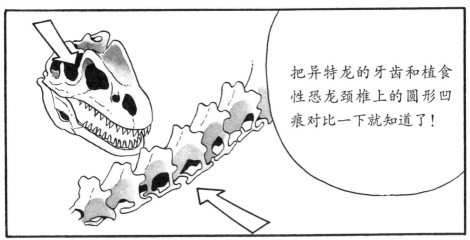

把异特龙的牙齿和植食性恐龙颈椎上的圆形凹痕对比一下就知道了！

我、我也想到了！

嘿嘿，承让承让。

由美不愧是姐姐，想到了好办法！

别嘴硬了！

按

把异特龙的牙齿和植食性恐龙颈椎上遗留的圆形凹痕合起来……

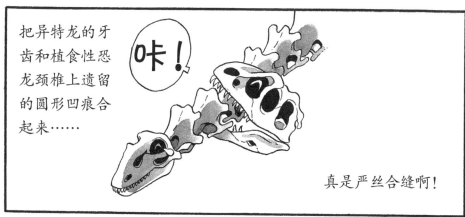

咔！

真是严丝合缝啊！

喂，你这是马后炮！

我明白了！咬了植食性恐龙的就是异特龙！

嘿嘿

大约1.5亿年前，美国西部地区遍布浅海和湿地，生长着茂密的植被。研究表明，这里生活着像圆顶龙这样的大型植食性恐龙。

啊！树林里好像有什么东西。

这些信息也是从化石里得知的。

坐时光机去看了吗？

科学家是怎么知道这些的呢？

34 以往人们认为大型植食性恐龙主要在水中活动，但最新研究表明，它们主要在陆地上活动。右下图中的植食性恐龙可能是在浅滩上暂时避险。

所以，真凶就是异特龙。

这样的场景可能会在 1.5 亿年前不断上演。

怎么了，裕树？

恐龙好可怕。

吓

怎、怎么了，由美？

嘿嘿……

2. 恐龙墓地之谜

不过，我还是觉得这件事很神奇。

只靠骨骼化石，就能知道远古时代的生物过着什么样的生活，遇到了什么事情。

嚼 嚼

比起这件事，姐姐你的饭量更神奇。

闭嘴！

因为谁也没有去过1.5亿年前的世界，所以化石可以说是我们了解远古时代最直接的线索了。

夕阳下的对决!

碎!

是西部牛仔的那个西部!

呼——

好帅啊!

过去流行的西部电影的故事大都发生在19世纪中叶到后半叶的美国西部。

但那个时候人们还没发现恐龙化石吧?

不,其实当时的人们已经发现恐龙骨骼化石了。

哦?真的吗?!

只不过,当时大多数人还不知道曾经有过恐龙这种生物。

时间来到19世纪中叶的某个夏天——

一辆马车正在美国西部的沙漠中疾驰。

快看，那里有一座原住民的小屋。

太好了，我们去那里休息一下吧。

这些人为了淘金，奔波了好几日才抵达这片区域。

啊，终于能休息一下了……

这一路真是辛苦啊。

再坚持坚持吧。

等我们淘到金子……

哇啊啊啊啊！

能、能看到什么吗?

看不到……太黑了……

?!

巨大

啊,这……这不是骨头吗?

是啊……

不过,这到底是什么东西的骨头?

这长度应该超过2米了吧!

2米

哇啊啊啊啊啊啊

快逃！赶紧离开这里吧！

这个流言逐渐传开，人们再也不敢靠近这里了……

难、难道那真的是巨人的骨头吗？

哈哈哈，当然不是了。

应该是圆顶龙等大型植食性恐龙的腿骨。

果然，我也是这么想的！

你可真好意思说呀。

没办法，"恐龙"这种生物对当时的人们来说还很陌生。

  还记得大型植食性恐龙圆顶龙吗？如果忘了，快翻到第22页看看吧。

英国的解剖学家理查德·欧文创造了"dinosaur"（恐龙）一词，并将恐龙看作一种新物种去研究。

他将此前人们发现的斑龙、禽龙和林龙等都归为恐龙，并于1841年在一次学术会议上公开了他的研究成果。

在那之前，人们认为斑龙是巨蜥的同类，禽龙是鬣蜥的同类。

那1841年之后，大家就都知道恐龙的存在了吧？

没有那么快，还需要一段时间呢。

啊……真让人着急！

那么，科学家是什么时候发现异特龙和圆顶龙的呢？

吉迪恩·曼特尔是禽龙和林龙的命名者，威廉·巴克兰是斑龙的命名者，第69~70页详细讲述了他们的故事。

异特龙和圆顶龙的化石基本是在同一时期被发现的。其中，圆顶龙的化石发现于美国西部科罗拉多州的某座采石场。

那里有一组地层，叫作莫里逊组。

人们在勘察莫里逊组的过程中，陆续发现了许多骨骼化石。

然后……

咕嘟！

人们把发掘出的骨骼化石拼在了一起……

48

小贴士 第一次真正意义上把圆顶龙的全身骨骼拼出来的人是美国的古生物学家查尔斯·吉尔摩。1925年，他第一个还原了幼年圆顶龙的全身骨骼。

结果就和现在我们知道的圆顶龙完全一样!

太棒啦!

这样,大家肯定都知道恐龙的存在了吧!

没错!科罗拉多州和犹他州等地的莫里逊组里陆续出土了许多恐龙化石,转眼间这些地方就声名大噪。

瞧一瞧，看一看！

特产 恐龙糕点

首创

欢迎光临！

哎呀呀……

虽说是恐龙化石的名产地，但恐怕是没有恐龙糕点卖的。

顺便一提，日本国立科学博物馆里的异特龙也是在莫里逊组发现的。

该不会是在犹他州那个叫克利夫兰－劳埃德的地方吧？之前提到过的。

你记得很清楚嘛！

黑黑

哼！

1930年以来，克利夫兰－劳埃德地区出土了大量恐龙骨骼化石。

博士，克利夫兰－劳埃德是什么样的地方呢？

嗯……有了！

赞成——

我觉得我们还是变身化石侦探，亲眼去看看恐龙化石的发掘现场吧，怎么样？

变身

快看，这就是地层。

博士，不好意思……

其实我不太懂什么是地层。

裕树，不用不好意思。承认自己不懂，

比不懂装懂要勇敢得多。

啊，这个嘛……

看上去很好吃！

这么说的话……

地层看起来就像奶油蛋糕一样。

地层就是由土、沙子和岩石等一层一层堆叠在一起而形成的岩层。

地层越靠上，就说明年代越新？

哇！

你发现了一个重点！

正如由美所说，年代越新的地层就越靠上。因此，只要从上到下依次勘察地层，

我们就能知道什么时代生活着哪些生物了。

这是作为化石侦探一定要记住的知识点！

记笔记

原来如此！

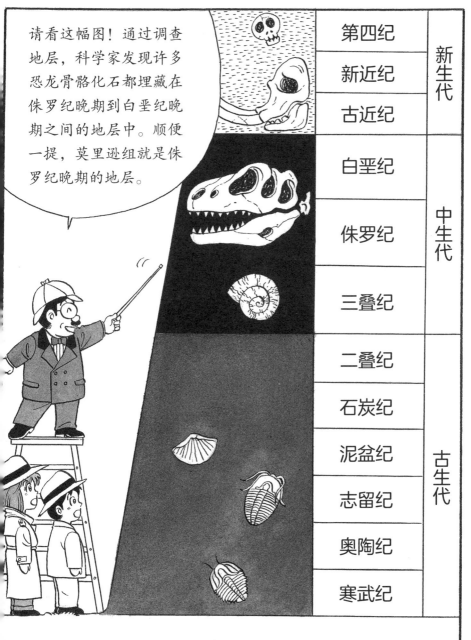

请看这幅图！通过调查地层，科学家发现许多恐龙骨骼化石都埋藏在侏罗纪晚期到白垩纪晚期之间的地层中。顺便一提，莫里逊组就是侏罗纪晚期的地层。

第四纪	新生代	
新近纪		
古近纪		
白垩纪	中生代	
侏罗纪		
三叠纪		
二叠纪	古生代	
石炭纪		
泥盆纪		
志留纪		
奥陶纪		
寒武纪		

前寒武纪

通过地层，我们还能了解到更多信息。

比如当时的气候、地理环境等。

是的！比如说……

咦？这也能知道吗？

质地柔软的灰色岩层中经常埋藏着化石。

这些柔软的灰色岩层是由一层层淤泥堆叠形成的……

那又怎么了？

也就是说——

博士，快说吧！

我们能从淤泥形成的岩层中发现恐龙骨骼化石……

说明这些骨头所在的地点，曾经是远古时代的水底。

这么简单啊，您早说不就好了嘛！

哎呀！

原来如此，水底的淤泥经过漫长的时间后会变干，埋在泥里的恐龙骨骼就变成化石了。

博士！凭什么只夸姐姐嘛！

摸头

哎呀，由美一点就透，我好开心！

化石形成的过程

① 在河里或者湖里死亡的恐龙会沉到水底。

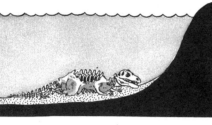

② 尸体腐烂，露出骨骼。

③ 水底的淤泥包裹住恐龙的骨骼，避免其被腐蚀。

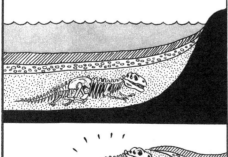

④ 淤泥中的成分使骨骼逐渐变成化石。淤泥层层叠压变硬，成为薄薄的岩层。

⑤ 最终，岩层在地壳的变动中隆起，经过各种风蚀、水蚀作用，被埋藏的化石便重见天日了。

没错。

那能够变成化石的恐龙很幸运啊。

当然，不是所有的化石都是这样形成的，也有一些是在荒野中被风吹来的沙子掩盖而变成了化石。

但无论如何，只有极少数骨头可以变成化石留下来。

太好啦，你成功变成化石了！

呜呜

那1.5亿年前的克利夫兰－劳埃德地区到底是什么样的呢？

通过调查发掘现场的地形和地层，我们获得了很多信息。现在就一起去看看当时的景象吧！

据研究，当时的克利夫兰-劳埃德地区遍布湖泊和湿地，长满了铁树、蕨类植物和银杏等。

　　这个地区气候温暖，即便是冬天，平均气温也有20℃，夏天更是能达到40℃以上。

这里生活着许多植食性恐龙……

肉食性恐龙也在四处游荡，捕食植食性恐龙。

这里终年炎热，植被丰富，能让恐龙获取足够的食物，十分适宜恐龙生存。

确实是恐龙乐园呢。

嗯，曾经是的。

啊？

那现在呢？

是墓地！

祖先

吓！

真是的，博士总是骗人。

没有这么胖的幽灵吧！

我没骗你们，也没开玩笑，

现在真的是墓地。

自从1929年犹他大学开展第一次调查以来，已经有很多机构在克利夫兰-劳埃德地区发掘出了化石。

迄今为止，人们一共在这里发掘出了70具恐龙骨架化石。

剑龙之墓

异特龙之墓

迷惑龙之墓

在出土的各类恐龙骨架化石中，数量最多的是异特龙的，有46具，还有剑龙、弯龙、圆顶龙的各5具……

剑龙和弯龙是什么样的恐龙啊？我第一次听说。

喀喀！

拍拍

嗯？

这点儿小事就交给我吧！

剑龙（侏罗纪晚期）

植食性恐龙

沿着背脊，长有一列骨板

全长：约7米

分类：剑龙科

弯龙（侏罗纪晚期）

植食性恐龙
头部窄长，体型庞大
全长：约5米
分类：弯龙科

怎么样，你明白了吗？

嗨，恐龙博士！

天才！

嘿嘿！

玩笑到此为止，我们言归正传。

竟然是玩笑……

有趣的是，从骨架上来看，这46只异特龙年龄各异，有老有小。

年龄各异？有老有小？

喷喷。

对！恐龙也有长幼之分，有小宝宝，也有老爷爷。

所以，只要好好研究这些骨骼化石，就能知道异特龙是如何成长的。

  小贴士 在克利夫兰-劳埃德地区出土最多的是未成年的异特龙的化石。

那这座博物馆里的异特龙几岁了？

这个嘛……

相当于人类的30岁，正是青壮年时期。

哦，原来是这样啊。

好奇怪啊。

有问题，绝对有问题。

怎么了，姐姐？

裕树你不觉得很奇怪吗？

在同一个地方出现了46只年龄各异的恐龙。

这有什么奇怪的?

你想想啊,一般情况下,46只异特龙会死在同一个地方吗?

啊,对,这么说的话确实奇怪。

对吧?

事情变得有趣起来了。

呵呵……

从少年时代起就热爱化石

曼特尔

第一个发现恐龙化石的人

自从12岁那年在河滩上发现了一块菊石化石后，吉迪恩·曼特尔便爱上了收集化石。长大后，他成了一名医生，在行医的同时阅读了大量地质学论文，还和许多学者进行书信往来，掌握了许多化石知识。

一个偶然的机会，曼特尔注意到了一种神秘的牙齿化石。这些化石出现在世界各地，它们的形状和当时已知的很多动物的牙齿都明显不同。

探寻"神秘的牙齿"

曼特尔推测，这些化石是未知爬行动物的牙齿。但当时的学者对此不屑一顾，认为这些只是鱼骨或者哺乳动物的牙齿。

但曼特尔并不气馁，他精心挑选出一部分"神秘的牙齿"，交给著名的法国学者乔治·居维叶进行鉴定。最终，他得到了对方肯定的答复："神秘的牙齿是爬行动物的牙齿。"

禽龙"面世"

为了进一步确认，曼特尔前往博物馆，发现"神秘的牙齿"看起来和鬣蜥的牙齿一模一样。

曼特尔与化石结缘的一生	
1790年	出生在英国苏塞克斯郡的一个鞋匠之家。
1811年	成为外科医生。一边工作，一边采集当地的化石，并和许多学者进行书信往来，广泛交友。
1816年	和玛利亚·安结婚。
1818年	成为地质学会的会员。
1820年	发现禽龙牙齿的化石。
1825年	发表了第一篇关于禽龙的论文。
1817年	开始向公众展示自己收藏的化石。
1832年	发现林龙。
1841年	他命名的禽龙和林龙被归类为"恐龙"。
1852年	去世，时年62岁。

基于这些研究成果，曼特尔在一次学术会议上宣布："神秘的牙齿属于一种未知的爬行动物。"面对大量证据，之前无法接受这种说法的学者也只能接受了。

1841年，由曼特尔命名的禽龙和林龙与斑龙（由威廉·巴克兰命名）一起成为人们最先发现的恐龙。

斑龙的命名者
威廉·巴克兰

威廉·巴克兰
（1784—1856）
牛津大学教授。在家中饲养了很多动物。

威廉·巴克兰是和曼特尔同时代的地质学家，是最早被人们发现的恐龙之一——斑龙的命名者。

实际上，他也曾认为曼特尔拥有的"神秘的牙齿"化石属于鱼或者哺乳动物。但后来，他完善了曼特尔的研究，进一步确认了禽龙的存在。而曼特尔收集的斑龙化石也在他的研究中发挥了极大的作用。

曼特尔的生平主要参考《发现恐龙的男人——吉迪恩·曼特尔传》（河出书房新社）一书。

3.化石的发掘

嗯……

怎么回事?

走来走去

46只异特龙……

竟然同时……

在同一个地方……

死了……

嗯——

呵呵呵……

有什么好笑的啊!!

哇——

从刚刚开始你就不说话,还总笑!

明明我们很认真地在思考!

啊,抱歉抱歉。

你们已经是有模有样的小侦探了,所以……

科学家看了在克利夫兰－劳埃德地区出土的大量恐龙骨骼化石后，和你们产生了同样的疑问。

这就是恐龙墓地的谜团！

笑

正如你们所说，

从同一个地方发掘出46具异特龙骨架化石，这件事很不寻常。

而且，不仅仅是异特龙，那里也出土了许多其他恐龙的骨架化石。

这说明在那里一定发生了什么不可思议的事情……

啊——好激动啊!

不知道为什么兴奋起来了!

那我们就按老规矩来吧。

好!

变身!

锵！

准备
出发！

徵徵

您这个装
扮是怎么
回事啊？

？

不要闹啦，
博士。

啊哈哈，
不好意思。

说……说到哪儿了……

喀喀

正如刚才所说，1.5亿年前的克利夫兰－劳埃德地区对恐龙来说十分宜居。

那里气候温暖、水草丰美，可以说是远古时代的恐龙乐园。

那为什么会变成恐龙的墓地呢？

是发生了大地震吗？

不是陨石撞击吗？

听我说，听我说！

是瘟疫吧！

不对！是火山爆发！

我们不是在玩猜谜游戏。瞎猫碰上死耗子，有时也能侥幸蒙到正确答案。

但我们身为化石侦探，难道不应该以化石和地层为线索，好好分析，有理有据地给出答案吗？

反省

那么首先，我们来看看地层的情况吧。

我们知错了。

万丈高楼平地起，只有脚踏实地才能成功。

地层？

裕树，恐龙骨骼化石经常会出现在哪种地层里？

这……这个嘛……

嗯……

你不要影响我思考！

哎呀，这就忘记啦？

嗯……好像是……

回答正确！

是质地柔软的灰色岩层吗？

哼！

我没忘吧！怎么样？！

那么由美，我们能从这种地层中获得什么信息？

死去的恐龙沉入了水底的淤泥里。

对吧！

嗯……

哼哼哼，怎么样！

正确，由美回答得很好。

我们知道，远古的克利夫兰－劳埃德地区有很多湖泊和湿地。

这些恐龙骨头也很可能曾埋藏在水底的淤泥中。那么，从这件事中能推出什么呢？

恐龙骨头曾经埋在水底的淤泥中，也就是说……

也就是说……

有想法了吗？

我知道了！

我也知道了！

好好好，那裕树你先说。

嘻嘻嘻。

哼！

那么……

抬手

请听名侦探裕树的推理！

转身

既然恐龙的骨头埋在柔软的淤泥里，

就说明此处曾经是一片湖泊。

① 某个炎热的夏日，一群异特龙为了消暑走入湖中。

② 但是它们没想到，这片湖泊比想象中深得多。

③ 恐龙不幸溺水，沉入湖底。随着时间的流逝，这群恐龙便被埋在了淤泥中。

怎么样？这就是名侦探裕树的精彩推理。

好丢人……

不好意思啊，名侦探先生。

啊？

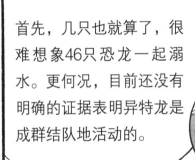

首先，几只也就算了，很难想象46只恐龙一起溺水。更何况，目前还没有明确的证据表明异特龙是成群结队地活动的。

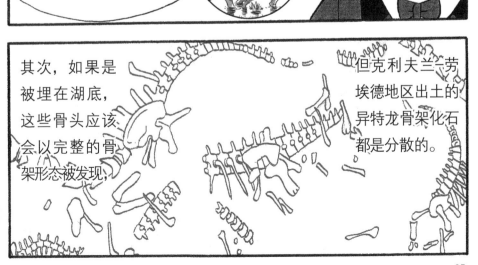

其次，如果是被埋在湖底，这些骨头应该会以完整的骨架形态被发现，但克利夫兰－劳埃德地区出土的异特龙骨架化石都是分散的。

呜呜呜……

总之，裕树的推理缺少决定性证据。

裕树号沉没

咕噜咕噜

姐姐!

不哭，姐姐会为你一雪前耻!

一、一雪前耻?

好可怕!

恶狠狠

呜呜呜…… 好不甘心!

86 虽然裕树的观点被博士驳回了，但是现在也有一种类似的观点，认为"异特龙是陷入了沼泽无法动弹，力竭而死"。这一观点得到了很多人的支持。

什、什么？

博士！

可否听一听我的推理！

啊哈哈

当……当然了！

如您所说，的确很难想象这么多异特龙同时溺水。

但是，

恐龙骨架化石出土的地方在远古时期却是水底。也就是说……

① 早已死去的恐龙随着河水漂流。

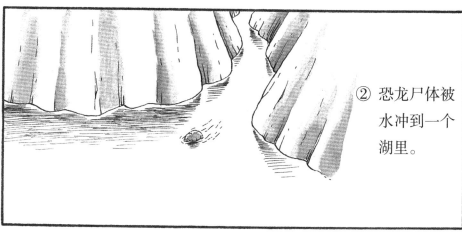

② 恐龙尸体被水冲到一个湖里。

许多恐龙漂到同一个地方，最终沉入了水底。

③ 这样即便异特龙不会成群活动，骨头也会聚集在一起。

不愧是姐姐！

好！

故事

这就是天才侦探由美的推理！

啊哈哈哈哈！

哎呀，太可惜了。

怎么了?！到底哪里可惜了！

有一点难以解释。

如果由美的推理是正确的，那为什么异特龙的骨架化石尤其多？一般来说，肉食性恐龙的数量比植食性恐龙的少。

那、那个，你冷静一点儿……

就不能是巧合吗?！

克利夫兰－劳埃德地区出土的恐龙骨架化石共70具，其中46具都是异特龙的。即便是偶然，这数字也太大了。

……呜呜呜

由美号沉没

不用难过。线索这么少，你们能推理出这些，

已经很厉害了。

抱歉抱歉，我再给一些提示！原谅我吧！

我就说线索也太少了！

对呀！对呀！

原谅你了！

你们也太善变了！

所以提示呢？快点儿告诉我们！

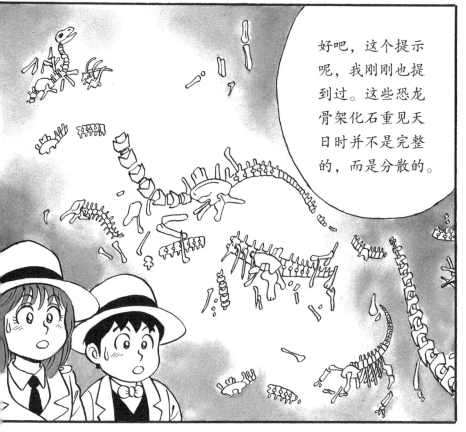

好吧，这个提示呢，我刚刚也提到过。这些恐龙骨架化石重见天日时并不是完整的，而是分散的。

啊，这也算提示吗？

什么啊……

不论是溺水还是在陆地上死亡，恐龙的骨头都不会散得七零八落的吧？

吃饱了！

我知道了！肯定是肉食性恐龙吃掉了一部分骨头，所以才乱七八糟的！

如果只有植食性恐龙的骨头是散落的，这个说法是成立的。但异特龙是肉食性恐龙，它们的骨头也是七零八落的，这又是为什么呢？

嗯……骨头分散之谜……

再给你们一个提示吧。

什么?

人们在那里找到了许多恐龙化石,但却没发现植物化石。

越来越搞不懂了。

怎么回事呀?

你说呢?

我也想不通啊。

这种时候,只要重新梳理一遍手头的线索就好了!

怎么重新梳理啊……

跟着我从头回顾一下。

首先，骨架化石出土的位置在远古时代多半是一片水域。

水底，七零八落的骨头，没有发现植物化石……

嗯……

嗯?!

水底，骨头散落，没有植物……

一定是因为那个啊！

嗯

啊?

和水有关，而且恐龙骨头四散，

再加上附近没有发现植物……

也就是说——

嗯？

指

也就是说……

95

答案就是洪水，大洪水！

啊！我明白了！

恐龙被卷入汹涌的急流，身体也被冲碎了，骨架被冲散了。植物太轻，会被水冲到更远的地方！

嘭——

刺！

你们太棒了

恭喜你们，找到了答案！

嘻嘻嘻。

虽然关于恐龙大规模死亡这个问题有很多假说，但我认为"洪水说"是最有说服力的。

倒

只不过，你们的答案和我的还有一点不同。

为什么异特龙这样的肉食性恐龙的骨架化石比植食性恐龙的多，关于这一点，你们还没有解释。

原来还是之前那个问题……

那为什么呢？

啊……

【古井博士的洪水说】

① 某一天，在克利夫兰–劳埃德地区发生了大洪水。

② 恐龙为了躲避洪水，纷纷聚集到了高处。

③ 植食性恐龙来到一处狭窄的高地，在那里不幸成为肉食性恐龙的晚餐。

④ 肉食性恐龙虽然暂时活下来了，但最后还是被卷入洪水中溺亡或者饿死了。

植食性恐龙好不容易逃到了高处，结果还是被吃掉了，好可怜……

原来如此，所以那里才会有这么多异特龙骨头。

就这样，那里成了如今的"恐龙墓地"。

一路走好……

让我们重现1.5亿年前那天发生的悲剧吧。

恐龙之墓

就像古井博士在第97页所说的，"洪水说"只是关于恐龙大规模死亡的众多假说中的其中一种，除此之外还有各种各样的观点。这些知识在第121页有介绍。

对生活在1.5亿年前的克利夫兰-劳埃德地区的恐龙们来说，这是很平常的一天。

克利夫兰－劳埃德地区生活的恐龙

一起复习一下吧！

圆顶龙

植食性恐龙
会摆动又粗又长的
脖子吃树叶

异特龙

肉食性恐龙
用锋利的爪子和牙齿捕猎

弯龙

植食性恐龙
身体结实，嘴巴尖尖的

剑龙

植食性恐龙
背上长着骨板，尾巴末端长着
骨棘

就在这时，上游的地平线处，忽然涌现出团团乌云。

雨越下越大……

附近的河流和沼泽的水位都在不断上涨。

汹涌………

最终，溢出的水开始以极快的速度流向低洼处。

植食性恐龙意识到了危险，惊慌失措地逃到了地势较高的地方。

圆顶龙想要逃跑，但是周围全是水，根本无路可逃。

一只异特龙盯上了一只剑龙。

剑龙挥动尾巴，让骨板发出骇人的巨响，拼命抵挡异特龙的攻击。

与此同时，水位还在持续上涨……

哗啦啦

异特龙没有错过这个偷袭的好机会。

唑

厮杀中，洪水悄无声息地逼近。

异特龙注意到时，为时已晚。

哗啦哗啦……

异特龙步步后退，陆续集中到一处狭窄的高地上。

哗哗哗哗哗哗哗

然后——

呜

113

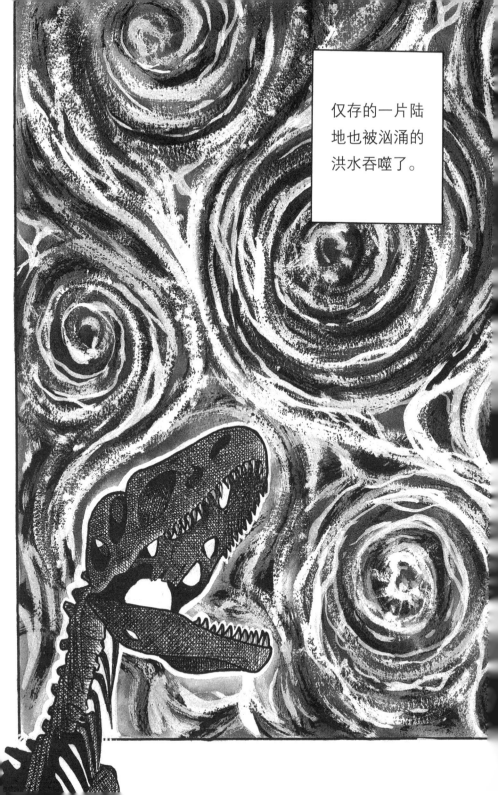

仅存的一片陆地也被汹涌的洪水吞噬了。

感受如何？也许远古时代的化石背后，就隐藏着这样的故事。

也许这只异特龙也有悲伤的故事呢……

虽然现在只剩下骨头，但它曾经也是一条鲜活的生命啊。

那就不要再说"不就是个骨头架子"这种话了。

哇啊！

哈哈哈！

博士你又捉弄人！

唉……

怎么了，裕树？

我之前看过恐龙百科书，原来那些信息都是通过化石得知的啊。

我只是看了一些书就自诩恐龙专家，其实我对化石一无所知……

没关系，知识都是慢慢积累的。

所有恐龙都在大约 6600 万年前灭绝了，没有人见过活的恐龙。

所以，我们要想了解和研究恐龙，就只能依靠留存在地层里的化石。

我以后要学习更多关于化石的知识，更深入地了解恐龙！

你连学校的功课都不好好学。

你再说一遍！

哟哟哟！

嘣嘣嘣嘣

哎呀……

那你们路上小心。

好！

今天我们跟您学到很多知识……

真的非常感谢！

不必客气，和你们聊天很开心。

博士，再见啦！

拜拜！

不知道什么时候雨停了。

啊，真的！

关于『恐龙墓地』的各种假说

真相是洪水，还是……

克利夫兰–劳埃德地区的"恐龙墓地"之谜的确让很多古生物学家都感到头疼。为什么有这么多恐龙都变成了化石？虽然有很多有力的假说，但因为缺少决定性的证据，至今我们都不知道真相到底是什么。

古井博士在本书中介绍的"洪水说"是一种得到广泛认可的假说，不过下面几种假说也有很多支持者。你觉得哪种说法最有说服力呢？

假说 1 被困在沼泽里了

植食性恐龙的脚陷在了深深的沼泽中，它们吸引来了异特龙。谁知异特龙也一只又一只地被困在了沼泽里……随着时间的流逝，恐龙的尸体腐烂后，骨骼散落开来。

假说 2 在干燥地带力竭而亡

当时这里十分干旱，只有一片面积很小的水域。为了饮水，异特龙长途跋涉到达了水源处，但已经筋疲力尽了。因为异特龙很多，所以植食性恐龙不敢靠近此处。

推理要点
- 肉食性恐龙的骨骼化石很多。
- 骨骼化石散落各处。
- 在附近几乎找不到植物的化石。

小鹤士　此前，许多研究人员都认为第一种假说可能是正确的，但一项比较新的研究催生了第二种假说。其中一个证据是有学者在沉积物中发现了气候干旱的证据。

科普与马什

一场激烈的论争，推动了恐龙研究

论争的爆发

在19世纪后半叶的美国，有两位化石猎人接连不断地发掘出化石，他们就是爱德华·科普和奥思尼尔·马什。这两位化石猎人的关系可以说是水火不容。他们曾经是好友，但后来互相争抢发掘现场，指摘对方的错误，使得矛盾逐渐升级。最终，两人之间爆发了有"化石战争"之称的著名论争。

"化石战争"

科普和马什都曾抱着胜过对方的念头投入到化石发掘工作中。发掘工作的成果非常惊人，科普发现了圆顶龙等56种动物的化石，马什发现了异特龙等80种动物的化石。

但是，当时两人的结论中存在很多错误的地方，恐怕是两个人都头脑发热而疏忽了确认工作。认错化石的种类、给同一种恐龙取了两个名字……这些错误扰乱了后续的研究。而两人互挖对方墙脚、因害怕化石流入对方手中竟不惜破坏化石等不理智的行为也受到了批评。

他们留下的珍贵财产

不过，他们发掘出了大量珍贵的化石，对后世的研究做出了重要贡献，这亦是不争的事实。可以说，"化石战争"推动了恐龙研究。从结果来看，两人的竞争也算得上是好事吧。

化石战争

发现 80 种

异特龙、弯龙、剑龙、迷惑龙、三角龙等的化石

发现 56 种

圆顶龙、腔骨龙、薄片龙（爬行动物）、鳄龙（爬行动物）等的化石

VS

奥思尼尔·马什

1831年出生。耶鲁大学教授，古生物学家。帮助耶鲁大学博物馆收集了数量庞大的标本，撰写了多篇与哺乳动物化石有关的论文。1899年去世。

爱德华·科普

1840年出生。生于宾夕法尼亚州费城，动物学家、古生物学家。不仅研究恐龙化石，还研究鱼类和昆虫。1897年去世。

"互相协助，共同发掘"是现代化石猎人的共识。因为只有取长补短、不断改进，才能让研究取得长足的进步。

科普和马什如果能齐心协力，一起发掘化石……这么一想，你是不是觉得有点儿可惜呢？

发掘步骤

如何发掘化石？

发掘化石的步骤

❶ 发掘之前必须获得土地所有人的许可。

> 建造一座装配式房屋，将需要的工具和食物等运送过来。

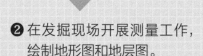

❷ 在发掘现场开展测量工作，绘制地形图和地层图。

❸ 用木桩将发掘区域围起来。

> 从又深又广的地层里寻找化石，可以说是大海捞针……

❹ 勘察地层，寻找化石。

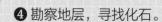

> 有时还需要切开周围的岩石！

❺ 找到化石后，用锤子和凿子等工具挖出来。

❻ 要用刷子谨慎地处理化石表面。

好害怕会损坏化石，好紧张。

❼ 一旦取出化石，就要用石膏绷带快速包住它，把它保护起来。

化石的表面露出来

准备石膏绷带

把露出来的部分包住

把石头翻过来接着处理

等到另一面也露出来

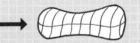
用石膏绷带包住

石膏绷带是什么？

石膏绷带是加入石膏粉的绷带。湿的时候很柔软，容易覆盖在化石上。变干之后会变得坚硬，能够保护化石。人骨折的时候，医生也会用石膏绷带固定骨折部位。

为了保护化石，人们会在它的表面涂上一层树脂液。100年前的树脂和现在的不太一样。

❽ 仔细打包，送去研究室！

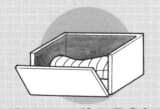

100多年以前，人们就是这样发掘化石的。虽然现在所用的石膏绷带和工具比以前的更好，但发掘化石的基本方法和100年前的差不多！

125

变化这么大!
日新月异的恐龙研究

本书的日文原版出版于20世纪末。随着恐龙研究的不断深入,我们对恐龙的认识也不断得到更新。让我们对比之前的图书和现在的图书的内页,看看都有哪些变化吧。

第14页

之前

异特龙的特征

- 粗壮的大尾巴

  走路和奔跑时,异特龙会利用尾巴保持平衡。有时尾巴也会成为它们攻击猎物的武器。

- 强有力的下颌,上下颌各长有约30颗利齿

  这些牙齿能有效地撕下猎物的肉。

- 像钩子一样锋利的3根爪

  利爪能很好地抓住猎物,撕开其皮肉。

- 脚趾上长有尖利的爪,3根朝前,1根朝后

  异特龙的后爪能够牢牢压住猎物。

迄今为止,人们发现的最大的异特龙体长可达5米。

16

现在

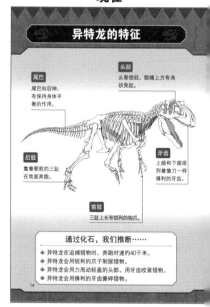

异特龙的特征

- 头部

  头骨很轻,眼睛上方有角状突起。

- 尾巴

  尾巴向后伸,有保持身体平衡的作用。

- 牙齿

  上颌和下颌排列着像刀一样锋利的牙齿。

- 后肢

  靠着朝前的三趾在地面奔跑。

- 前肢

  三趾上长有锐利的钩爪。

通过化石,我们推断……

- 异特龙在追捕猎物时,奔跑时速约40千米。
- 异特龙会用锐利的爪子制服猎物。
- 异特龙会用力甩动轻盈的头部,用牙齿咬紧猎物。
- 异特龙会用锋利的牙齿撕碎猎物。

14

无论是之前书中的图片还是现在书中的图片,我们可以看到异特龙都依靠后肢支撑庞大的身体,只不过现在的图片中,它整体更向前倾。关于异特龙跑动的速度,还有捕捉猎物的方式等问题,经过科学家的研究也得到了进一步解答。

之前

现在

你能看出两幅图有什么区别吗？人们曾经以为圆顶龙等蜥脚类恐龙是在水中生活的，因此在之前书中的插图中，圆顶龙会出现在水深的地方，看上去就像是在那里生活的。

第65页上面的图片

之前

现在

弯龙的样子也变了很多呢。和异特龙一样，现在的弯龙身体更向前倾。

此外，书中还有很多文字和插图都经过了修订。这也说明，随着研究的深入，人们有了很多新发现！

结　语

　　重读30多年前自己画的漫画，我感到有些不好意思，想挖个地洞钻进去。一方面是因为看自己年轻时候的画有点儿难为情，另一方面是我发现我画的恐龙和现在的百科书、电影里的都不一样。

　　但这也是没办法的事情。关于恐龙的样子、种类、生活方式等信息，随着化石发掘和研究工作的进步在不断更新。百科书和电影里出现的恐龙形象也会每年更新。

　　而恐龙研究的关键就是化石。如果没有化石，我们甚至都不知道地球上还有恐龙这种生物。这套漫画的有趣之处就在于用"化石"这个线索，解开恐龙给我们留下的谜团。通过研究化石来研究恐龙的方法无论何时都是不变的。而且，这套书在修订时，木村由莉老师特地补充了最新的研究信息。如果小读者能从"化石一样古老"的本套书中有所收获，我会感到很欣慰。

吉川丰

作绘者介绍

（日）高士与市

著名儿童文学作家，师从椋鸠十，擅长创作与古生物学、考古学有关的科普作品。作品《被埋藏的日本》获日本儿童文学作家协会奖，《龙之岛》获产经儿童出版文化奖、入选国际儿童读物联盟（IBBY）荣誉榜单，《天狗》获日本赤鸟文学奖。

（日）吉川丰

生于日本神奈川县。从中央大学毕业后曾在著名漫画家永井豪的工作室就职，现为自由漫画师。擅长创作科普漫画，主要作品有"世界奇妙物语"（全4册）、"神秘博物馆"（全7册）、"漫画人类历史"（全7册）等。

MANGA DENSETSU NO KASEKI HANTA - KYORYU NAZO NO HAKABA (revised edition)

by TAKASHI Yoichi (original story) & YOSHIKAWA Yutaka (illustration)

Supervised by KIMURA Yuri

Copyright © 2022 TAKASHI Taro & YOSHIKAWA Yutaka

All rights reserved.

Originally published in Japan by RIRON SHA CO., LTD., Tokyo.

Chinese (in simplified character only) translation rights arranged with , Japan

through THE SAKAI AGENCY and BARDON CHINESE CREATIVE AGENCY LIMITED.

Simplified Chinese translation copyright © 2025 by Beijing Science and Technology Publishing Co., Ltd.

著作权合同登记号 图字：01-2024-1253

审图号：GS 京（2024）1120 号

本书插图系原文插图。

本书第 14 页的异特龙骨架图由田中顺也（Junya Tanaka）绘制。

图书在版编目（CIP）数据

化石侦探 . 1, 神秘的恐龙墓地 /（日）高士与市著；
（日）吉川丰绘；王焱译 . -- 北京：北京科学技术出版
社，2025. --ISBN 978-7-5714-4196-8

Ⅰ. Q91-49

中国国家版本馆 CIP 数据核字第 2024WD2180 号

策划编辑：桂媛媛		电　话：0086-10-66135495（总编室）	
责任编辑：张　芳		0086-10-66113227（发行部）	
封面设计：锋尚设计		网　址：www.bkydw.cn	
图文制作：锋尚设计		印　刷：河北宝昌佳彩印刷有限公司	
责任印制：李　茗		开　本：880 mm × 1230 mm　1/32	
出 版 人：曾庆宇		字　数：53 千字	
出版发行：北京科学技术出版社		印　张：4.25	
社　　址：北京西直门南大街 16 号		版　次：2025 年 1 月第 1 版	
邮政编码：100035		印　次：2025 年 1 月第 1 次印刷	
ISBN 978-7-5714-4196-8			
定　　价：35.00 元			